AF603273

PROCÈS-VERBAL

DE LA SÉANCE PUBLIQUE

DE LA SOCIÉTÉ D'AGRICULTURE

DE L'ARRONDISSEMENT DE CHERBOURG,

DU 25 SEPTEMBRE 1862.

CHERBOURG. — IMPRIMERIE D'AUGUSTE MOUCHEL.

PROCÈS-VERBAL

de la Séance publique

DE LA

SOCIÉTÉ D'AGRICULTURE

DE L'ARRONDISSEMENT DE CHERBOURG.

Du 25 Septembre 1862.

Cette séance publique, la première qu'ait tenue la Société d'Agriculture de Cherbourg, a eu lieu à l'issue du Concours de Bestiaux pour les primes d'excellence, le jeudi 25 septembre, à une heure après midi.

L'administration municipale avait bien voulu mettre la Salle d'Asile à la disposition de la Société d'Agriculture, et, avec une attention bienveillante dont on ne saurait assez la remercier, l'avait fait préparer pour cette circonstance par les soins de M. Lejéal, architecte-voyer de la ville.

Ont pris place au bureau : MM. le comte de Tocqueville, président; le général Meslin, membre du Corps législatif; Noël, membre du Conseil général; le marquis de Sesmaimaisons, Henri Duchevreuil, Gustave Lemoigne, vice-présidents de la Société; Alexandre Lesdos, membre honoraire; Vildieu, président de la commission des Concours agricoles; Nicétas Periaux et Besnou, secrétaires; Dupont, trésorier, et plusieurs autres membres de la Société d'Agriculture.

A une heure, M. le président a ouvert la séance, et a prononcé l'allocution suivante :

Messieurs,

Vous venez d'assister à notre grand concours annuel d'agriculture. Vous avez pu constater les progrès qui se font remarquer chaque année dans les animaux présentés, génisses, vaches, verrats, béliers et brebis; les taureaux offraient quelques bons reproducteurs.

Espérons que les cantons un peu en arrière reprendront leur distance, et marcheront de pair dans la voie du progrès!

Notre race chevaline est florissante; au concours des poulinières du 14 de ce mois, le nombre, la qualité des mères et la distinction des poulains, prouvaient la supériorité incontestée de notre race. Les courses du 7 ont été le complément de ces épreuves. Elles sont, je l'espère, fondées désormais parmi nous. Elles produiront des cavaliers habiles et hardis, et pousseront encore plus dans nos contrées à l'élève du cheval, en en donnant le goût. Il faut aimer pour perfectionner et embellir. L'Arabe, qui fournit le type primitif de nos races, vit sous sa tente avec sa cavale chérie; elle fait partie de la famille. Notre Société d'agriculture ne se borne pas seulement à primer les animaux, elle porte son attention sur les lieux qui les renferment et les produisent. Elle a fondé des primes pour la bonne tenue des fermes, la préparation des fumiers, cet élément indispensable à toute agriculture. Elle encourage la culture des plantes-racines, si nécessaires pour l'engraissement du bétail.

Pour cultiver cette terre qui nous fait vivre, il faut des bras laborieux et intelligents. Nous avons sans doute de bons cultivateurs, qui savent que le travail des champs est en considération parmi nous; mais il faut que leurs enfants marchent sur leurs traces, qu'ils apprennent de bonne heure à honorer la profession de leurs pères, pour les imiter un jour, en suivant cette respectable carrière. Nous avons pensé aux écoles où le jeune âge puise ses enseignements; nous avons fondé des récompenses aux instituteurs primaires qui donnent l'instruction élémentaire agricole aux élèves confiés à leurs soins.

Ces maîtres modestes et studieux, qu'on ne saurait environner de trop d'estime, ont répondu à notre appel par l'envoi de mémoires intéressants où ils expliquent la théorie de leurs leçons agricoles. Je veux mentionner ici le concours si utile que nous ont donné M. l'Inspecteur de l'académie de Saint-Lo et M. l'Inspecteur primaire : ils ont ajouté à nos avertissements des instructions aux instituteurs, pour les engager à entrer de plus en plus dans la voie que nous avions tracée.

Enfin, Messieurs, nous avons voulu terminer la tâche que nous nous sommes proposée cette année, en tournant nos regards vers cette classe assez changeante des domestiques et servantes employés à l'agriculture; ils remplissent, pour la plupart, leurs fonctions uniquement pour prix de l'argent qu'on leur donne : c'est un simple contrat qui se rompt souvent chaque année, sans aucun attachement réciproque.

Nous avons pensé qu'il y avait là quelque chose à faire. Un bon serviteur fait partie de la famille du maître; il s'établit entre eux un accord de bons procédés, une harmonie mutuelle qui rehausse le domestique à ses propres yeux, et le rend, à la longue, l'ami de celui qu'il sert; mais, pour arriver à ce complet résultat, il faut le concours du temps.

Nous avons donc cru devoir décerner des récompenses à ces vieux serviteurs, fidèles dès leur jeunesse au même maître, qui sont l'honneur d'une maison et s'attirent le respect de tous.

J'ai terminé, Messieurs, ce rapport un peu long, mais dont je tenais néanmoins à vous faire part.

Je ne veux pas abandonner la parole sans témoigner ici toute ma gratitude à M. le Maire et à l'administration municipale de Cherbourg, pour les soins bienveillants qu'ils ont donnés à ce concours dans l'arrangement de la place où il vient d'avoir lieu, et dans ce local mis à notre disposition pour la proclamation des primes.

M. le président a ensuite donné la parole à l'un des secrétaires, qui a rendu compte, dans les termes ci-après, des résultats des concours de bestiaux ouverts en 1862, dans les cantons, et du concours d'arrondissement qui venait d'avoir lieu à Cherbourg, sur la place de la Divette, pour les primes d'excellence.

CONCOURS DE BESTIAUX.

Nous avons à vous rendre compte des résultats des concours pour les bestiaux et les pouliches de deux ans, qui viennent d'avoir lieu dans les cantons, et de celui d'aujourd'hui pour les primes d'excellence.

Nous aimons à constater que ces concours deviennent de plus en plus suivis. Ils ont offert, cette année, un ensemble remarquable, et pour le nombre et pour le mérite des animaux présentés.

Voici le relevé général des primes décernées, en 1862, par la Société d'Agriculture de Cherbourg:

Dans le canton de Beaumont.

Concours de taureaux et d'étalons. . .	3	primes.	330 fr.
— des bestiaux des races bovine, ovine et porcine.	7	—	300
— de pouliches de 2 ans.	2	—	150
Prime d'excellence pour les génisses. .	1	—	130
Total. . .	13	primes.	910 fr.

Dans le canton d'Octeville (Cherbourg).

Concours de taureaux et d'étalons. . .	3	primes.	330 fr.
— de bestiaux divers.	10	—	420
— de pouliches de 2 ans.	2	—	150
Prime d'excellence pour les brebis. . .	1	—	50
Total. . .	16	primes.	950 fr.

Plus 7 mentions honorables.

Dans le canton des Pieux.

Concours de taureaux et d'étalons. . .	3	primes.	330 fr.
— de bestiaux divers.	8	—	330
— de pouliches de 2 ans. . . .	2	—	150
Primes d'excellence pour les vaches, les verrats et les béliers. . . .	3	—	200
Total. . .	16	primes.	1,010 fr.

Plus une mention honorable.

Dans le canton de Saint-Pierre.

Concours de taureaux et d'étalons. . .	3	primes.	330
— de bestiaux divers.	8	—	330
— de pouliches de 2 ans. . . .	2	—	150
Médaille d'or, prime d'excellence pour les taureaux.	1	—	»
Total. . . .	14	primes.	810 fr.

Plus 2 mentions honorables.

RÉCAPITULATION.

	Primes.	Ment. hon.	Sommes.
Cantons de Beaumont. . . .	13	»	910 fr.
— d'Octeville	16	7	950
— des Pieux.	16	1	1,010
— de Saint-Pierre. . .	14	2	810
Totaux. . .	59	10	3,680

Et la médaille d'or accordée par M. le Ministre de l'Agriculture.

Voici la liste des lauréats, auxquels vont être délivrés aujourd'hui les diplômes constatant les primes qu'ils ont obtenues.

Le montant de ces primes leur sera versé chez M. Dupont, trésorier, à partir du jeudi 2 octobre prochain, sur la présentation des pièces exigées par les conditions du programme.

CONCOURS DE TAUREAUX.

1res primes, 150 fr. — MM. Bernardin Bienvenu, à Ecullevillc;
Pierre Groult, à Digosville;
Louis Feuardent, aux Pieux;
François Lecanu, à Réthoville.

2es primes, 80 fr. — Thomas Lamotte, à Vasteville;
Alphonse Amiot, à Tourlaville;
Hamel frères, à Benoistville;
Eugène Mesnage, à Gatteville.

Mentions honorables : Jean Destrés, à Virandeville;
Louis Samson, à Saint-Germain-le-Gaillard.

Prime d'excellence. (Médaille d'or.) François Lecanu, à Réthoville, (2e *nomination*.

CONCOURS D'ÉTALONS DE TRAIT.

Primes de 100 fr. — MM. Léonard, à Vauville;
Lesept frères, à Equeurdreville;
Louis Feuardent, aux Pieux, 2e *nom.*;
Edouard Fontenilliat, au Vast.

CONCOURS DE GÉNISSES.

1res primes, 80 fr. — MM. Marin Canoville-Lachênée, à Gréville;
Alfred Mabire, à Cherbourg;
Félix Le Bourgeois, à Tréauville;
Louis Lecanu, à Cosqueville.

2es primes, 50 fr. — Jean-Baptiste Lecerf, à Sainte-Croix-Hague;
J.-Ch. Damourette, à Querqueville;
Thomas Douesnard, à Virandeville;
François Yvetot, aux Pieux;
De Chivré, à Gonneville.

Mentions honorables: Jean Voisin, à Digosville;
Jean Destrés, à Couville.

Prime d'excellence, 130 fr. Canoville-Lachênée, à Gréville, 2e *nom.*

CONCOURS DE VACHES.

1res primes, 50 fr. — Mme veuve Salley, à Digulleville;
MM. Auguste Gamache, à Octeville;
François Lebrun, à Bricquebost;
Charles Lefèvre, à Gatteville.

2es primes, 40 fr. — Mme veuve Pierre Simon, à Nacqueville;
MM. Jules Lemaréchal, à Cherbourg;
Charles Point, à Tourlaville;
Louis Feuardent, aux Pieux, 3e *nom.*;
Auguste Bourdet, à St-Pierre-Eglise.

Mention honorable : Jacques Pitron, à Octeville.

Prime d'excellence, 100 fr. François Lebrun, à Bricquebost, 2e *nom.*

CONCOURS DE VERRATS (RACES PURES).

Primes de 30 fr. — Mme veuve Veyrassat, à Octeville;
MM. Félix Le Bourgeois, à Tréauville, 2e *nom.*
Jean-Baptiste Pontus, à Néville.

RACES CROISÉES.

Primes de 25 fr. — MM. Bienvenu, à Eculleville, 2e *nom.*;
Jean Leroux, à Hardinvast;
Hamel frères, à Benoistville, 2e *nom.*;
Jean-Baptiste Pontus, à Néville, 2e *nom.*

Prime d'excellence, 50 fr. Félix Le Bourgeois, à Tréauville, 3e *nom.*

CONCOURS DE BÉLIERS.

Primes de 25 fr. — MM. Marin Lecomte, à Flottemanville;
Jacques Pitron, à Octeville, 2e *nom.*;
Troudet frères, à Siouville;
François Lecanu, à Réthoville, 2e *nom.*

Mention honorable : Jean Lebrun, à Tourlaville.

Prime d'excellence, 50 fr. Troudet frères, à Siouville, 2e *nom.*

CONCOURS DE BREBIS (PAR LOTS DE CINQ AU MOINS).

Primes de 30 fr. — MM. Jacques Lebrun, à Ste-Croix-Hague;
Pierre Gain, à Querqueville;
Louis Feuardent, aux Pieux, 4e *nom.*
Charles Lefèvre, à Gatteville, 2e *nom.*

Mention honorable: Thomas Douesnard, à Virandeville, 2e *nom.*

Prime d'excellence : Thomas Douesnard, à Virandeville, 3e *nom.*

CONCOURS DE POULICHES DE 2 ANS.

1res primes, 100 fr. — MM. Elie Bienvenu, à Auderville;
Yves Foulon, à Querqueville;
Leveillé frères, aux Pieux;
François Lecanu, à Réthoville, 3e *nom.*

2es primes, 50 fr. — Eugène Fleury, à Ste-Croix-Hague;
Eugène Liais, à Sideville;
Arsène Diguet, à Tréauville;
Jean Rouxel, à Tocqueville.

Mention honorable: Charles Joly, au Mesnil-au-Val.

M. le secrétaire a ensuite fait connaître, au nom de la commission des Concours agricoles, les noms des cultivateurs qui ont mérité les récompenses proposées pour la bonne tenue des fermes, pour la bonne disposition des fumiers et engrais, et pour la culture des plantes-racines. Le rapport est ainsi couçu :

CONCOURS AGRICOLES.

La Société d'agriculture a annoncé, dans son programme arrêté le 15 juillet dernier, que des encouragements, consistant en instruments aratoires et en médailles d'or ou de vermeil, d'argent ou de bronze, seraient décernés dans sa séance publique de ce jour, pour diverses branches d'améliorations agricoles. Ces concours étaient ouverts, pour 1862, dans le canton des Pieux, pour la bonne tenue des fermes et les exploitations les mieux dirigées; dans le canton de Beaumont, pour la confection des engrais et l'aménagement des fumiers; dans le canton de

Saint-Pierre-Eglise, pour la culture des plantes-racines, et enfin, dans le canton d'Octeville, pour l'extension et le perfectionnement des cultures fourragères.

Une commission, nommée par M. le président, et composée de MM. Vildieu, Pajot, Alexandre Pottier et Periaux (M. Piquot n'ayant pu s'y trouver), a visité les exploitations rurales de MM. Bosmel, à Flamanville, et Félix Le Bourgeois, à Tréauville, dans le canton des Pieux. M. Pajot, au nom de cette commission, a fait un rapport dans lequel il a exposé, avec les plus grands détails, la bonne tenue et le mérite exceptionnel de deux établissements qui, chacun dans son genre, peuvent être considérés comme des modèles dans cette contrée.

Voici le rapport de M. Pajot, stagiaire à la ferme-école de Martinvast :

Votre commission a reconnu qu'il était impossible de se rendre un compte exact de tout ce qu'une ferme présente d'avantages et d'inconvénients, sans adopter une marche régulière. C'est pourquoi elle a cru devoir opérer de la manière suivante :

1° Examiner l'ensemble des bâtiments d'exploitation, voir s'ils offrent tous les avantages que l'on doit rechercher dans les constructions agricoles;

2° Examiner les bâtiments séparément, suivant leur spécialité, et, dans cet examen, voir s'ils remplissent bien le but qui leur est assigné;

3° Examiner si le cultivateur, ayant de vieux bâtiments, en a retiré tout ce qu'ils étaient capables de produire;

4° Examiner les cours à fumier et autres;

5° Examiner les instruments aratoires et autres servant en agriculture;

6° Examiner les animaux en général;

7° Examiner l'état des différentes cultures de l'exploitation.

Une fois ces bases convenues, nous avons commencé notre

examen sur les fermes des cultivateurs qui devaient concourir.

La première de ces fermes est cultivée par M. Bosmel, à titre de fermage à vie, et appartient à M. le marquis de Sesmaisons.

Arrivés dans cette ferme le 22 août, à dix heures du matin, nous avons commencé notre inspection, en suivant l'ordre que nous avons indiqué précédemment.

L'ensemble des bâtiments présente à peu près tous les avantages voulus et que l'on doit rechercher dans de telles constructions. Ces bâtiments, édifiés avec un goût et une solidité dignes des anciens Romains, sont groupés autour de deux cours à fumier. bordées de larges trottoirs en pierres de granit, dont quelques-unes n'ont pas moins de 4 mèt. 30 c. de longueur.

Le corps de ferme se compose de la maison d'habitation. d'écuries, d'étables. de grange, de hangars et d'une buanderie. Tous ces bâtiments sont disposés de manière à former une enceinte rectangulaire; on entre dans la cour par deux portails laissés entre les bâtiments. Un avantage de cette disposition, c'est de pouvoir surveiller ce qui se passe dans la cour de la ferme.

Les magasins à fourrages se trouvent à proximité des animaux. de manière à diminuer les frais de transport, et les pertes qui en résultent.

La cour à fumier se trouve placée à une distance convenable de la maison d'habitation, des écuries et étables.

Les purins de chaque étable y parviennent au moyen de canaux pratiqués sous les trottoirs; un autre canal conduit le jus provenant des fumiers dans un grand réservoir, au bord duquel sont formées les tombes, qu'on arrose au moyen d'une pompe. Les eaux pluviales provenant des bâtiments sont dirigées par des gouttières, soit dans les fosses d'aisances, pour en opérer le nettoyage et se rendre ensuite dans les cours à fumier, soit dans la cuisine des animaux pour la préparation des aliments, soit enfin dans les étables pour abreuver les bestiaux sans déplacement.

Maison d'habitation. — La maison d'habitation est très bien placée, par rapport aux autres bâtiments de l'exploitation; son exposition est bonne, l'aération de l'intérieur est facile, et la disposition intérieure nous a paru présenter toutes les commodités qui facilitent le travail et les soins de propreté.

Avant d'aller plus loin, il est bon de dire que le fermier l'ayant fait construire lui-même et à ses frais, rien n'a été négligé pour cette construction.

Ecuries et étables. — Il n'y a rien à dire au sujet des écuries et étables, si ce n'est que l'ensemble présente tous les avantages que l'on doit rechercher dans de telles constructions. On pourrait cependant leur reprocher la trop grande humidité du sol sur lequel elles reposent. Il serait facile d'atténuer cet inconvénient au moyen de rigoles souterraines, comme celles que le fermier a faites pour assainir sa maison.

Granges et hangars. — La grange que nous avons visitée était préparée pour recevoir les céréales. Rien n'avait été négligé pour la bonne conservation de la récolte; l'emplacement était parfaitement uni, et les trous de rat bien bouchés.

Le hangar contenait les instruments de la ferme; ils étaient bien rangés et n'avaient pas à redouter les intempéries qui, dans certaines fermes, les usent plus que le travail.

Cours à fumier et autres. — Au moment de notre visite, il n'y avait aucun engrais sur la plate-forme: le peu que nous avons vu était réparti dans la cour à fumier; le surplus du purin destiné à arroser les tombes de fumier, est utilisé dans le jardin, où il est conduit au moyen d'une pompe et reçu dans un réservoir.

Tous les bâtiments de cette ferme ont été construits par le fermier; il n'est donc pas étonnant qu'ils soient si bien appropriés à l'exploitation. Tous les fermiers ne peuvent pas en faire autant, et il faut être dans les conditions de M. Bosmel, c'est-à-dire avoir un long bail, et de plus beaucoup d'argent.

Les instruments aratoires sont ceux employés dans le pays,

sans aucune réforme. Le battage des céréales se fait toujours au fléau.

Les animaux que nous avons vus sur cette ferme nous ont paru très bien entretenus et appartiennent aux races du pays; le fermier spécule sur l'élevage des bêtes à cornes et des chevaux, et sur l'engrais des moutons. Sa porcherie est assez bien montée.

La culture principale de la ferme est l'herbage, approprié à l'élevage et à l'engraissement des animaux que nous avons signalés. En second lieu vient la culture des céréales, qui fait à peu près la moitié.

Les prairies sont assez bien entretenues; elles sont fumées au moyen des excréments des animaux, ramassés dans les pâturages et réunis en tas. On les mélange avec du terreau et on forme des composts que l'on répand ensuite.

Voilà en peu de mots le résumé de notre visite dans la ferme de M. Bosmel.

Comme on le voit, l'ensemble ne laisse rien à désirer; cependant la marche qu'il a suivie n'est pas à conseiller d'une manière absolue, car tous les cultivateurs n'ont pas à leur disposition les capitaux dont peut disposer M. Bosmel.

Après avoir visité cette exploitation, nous nous sommes rendus à la deuxième ferme, appelée la Chaussée, cultivée par M. Le Bourgeois, et appartenant à M. le marquis de Sesmaisons.

Avant de commencer l'examen de cette exploitation, je crois utile de dire quelques mots sur le cultivateur.

M. Félix Le Bourgeois appartient à une famille d'agriculteurs de père en fils; ses parents ne lui ayant laissé aucune fortune, cet intelligent cultivateur, dignement secondé par son épouse, a su faire produire, à une petite ferme de 1,200 francs de fermage, de quoi élever sa nombreuse famille, composée de sept garçons, tous cultivateurs comme leur père, l'entourant de leur affection, et vivant sur la même ferme dans une parfaite intelligence.

Pour faire voir en peu de mots ce que peut la bonne conduite, réunie à l'économie et à la persévérance dans le bien, il suffit de suivre la marche progressive de ce cultivateur. Petit fermier d'une ferme de 1,200 francs, puis débutant sur le domaine de Flamanville par une ferme de 2,000 francs, il se trouve présentement à la tête d'une exploitation de plus de 15,000 fr. de revenu, divisée en plusieurs établissements, dont une partie lui appartient, et qui est le fruit de ses économies.

L'ensemble des bâtiments de cette exploitation n'est peut-être pas aussi convenable que celui de la première ferme, mais nous devons prendre en considération que là le fermier a pris les bâtiments dans l'état où ils étaient avant lui, et nous devons voir s'il en retire tout le parti possible.

Le corps de ferme se compose de la maison d'habitation, écuries, grange, étables, hangars, buanderie, laiterie, etc. Tous ces bâtiments sont disposés de manière à former une enceinte trapézoïdale; l'entrée de la cour se fait au moyen de deux portails, un troisième donne passage pour aller dans les champs en culture, derrière les bâtiments. La maison d'habitation occupe une position qui permet de voir, à tous moments, ce qui se passe dans les cours.

La cour à fumier se trouve placée à une certaine distance de la maison d'habitation.

Enfin, un autre corps de ferme, appelé la Gioterie, dépendant de la même exploitation, et habité maintenant par l'un des fils de M. F. Le Bourgeois, présente un ensemble remarquable de bâtiments et de dépendances admirablement tenus.

Maison d'habitation. — La maison d'habitation, sans présenter toutes les commodités que nous avons remarquées dans l'autre exploitation, est entretenue dans un état de propreté parfaite; elle est bien exposée; de plus, étant placée au-dessus du niveau de la cour à fumier, elle est très saine.

Ecuries et étables. — Les écuries sont naturellement humides, mais M. Le Bourgeois est parvenu, au moyen de rigoles, à diminuer beaucoup cet inconvénient; l'intérieur était nettoyé avec soin, et l'aération se faisait facilement au moyen d'ouvertures pratiquées à cet effet dans le mur.

Grange et hangar. — La grange était préparée pour recevoir la récolte; rien n'avait été négligé.

Le hangar contenait les instruments ne servant pas pour le moment.

Cour à fumier et autres. — La cour à fumier était parfaitement rangée. Le fumier existant au moment de notre visite était tassé avec soin. On répand du sable de mer dans la cour, et on renouvelle cette couche de temps en temps. Cette opération maintient la cour dans une propreté parfaite, et augmente la quantité de fumier.

Buanderie. — La buanderie est attenante à la maison d'habitation; elle ne présente rien de particulier.

Laiterie. — La laiterie, quoique petite, nous a paru présenter toutes les conditions nécessaires pour une bonne laiterie; ainsi elle est éloignée de toute voie de communication; sa température varie peu de l'été à l'hiver, et l'état de propreté est parfait.

Les instruments aratoires sont nouveaux pour la plupart. Nous avons pu voir la charrue Gilles et une machine à battre. M. Le Bourgeois est très satisfait de l'emploi de ces nouveaux instruments. Cela prouve, jusqu'à un certain point, que l'introduction, avec discernement, des nouvelles machines, peut procurer un avantage incontestable.

Ce sont surtout les animaux entretenus sur cette ferme qui nous ont paru mériter le plus d'attention, car, outre qu'ils y sont en grand nombre, tous présentent des types parfaits des races auxquelles ils appartiennent. Je crois nécessaire d'entrer dans quelques détails, afin de faire voir l'importance de ce bétail.

La commission a compté :

16 juments poulinières.
12 poulains laitrons.
5 — d'un an.
1 jument de service.
1 étalon.

Total. . . 35 chevaux.

C'est surtout l'ensemble de ces animaux et leur beauté en général, qui fait qu'il est rare de rencontrer une écurie aussi bien montée que celle de cette ferme.

En plus il y a :

20 vaches laitières.
18 bœufs.
43 élèves de un à trois ans.

Total. . . 81 bêtes à cornes.

Et 90 moutons et 50 truies et porcs de tout âge.

Ce qui fait un ensemble de 256 têtes.

Si nous réduisons le tout en têtes de gros bétail, nous aurons :

16 juments.	16	têtes de gros bétail.
12 poulains laitrons.	6	— —
5 — d'un an et demi.	5	— —
1 jument de service,	1	— —
1 étalon,	1	— —
20 vaches laitières.	20	— —
18 bœufs,	18	— —
43 jeunes bêtes.	28	— —
90 moutons,	9	— —
50 porcs.	5	— —
Total. . .	109	têtes de gros bétail.

Tous ces animaux sont entretenus sur une surface d'environ 150 hectares, dont la moitié en céréales; ce qui ferait par hectare, 109/150 = 0,72, ou un peu moins de 3/4 de tête de gros bétail par hectare.

Un autre mérite de M. Le Bourgeois, est d'avoir introduit et conservé la race anglaise dite *tonquine*, et il est à remarquer que le mâle lui avait été donné en 1850, au concours de Cherbourg, comme prime pour ses beaux animaux. Chaque année il retire des bénéfices considérables de sa porcherie, et vend ses produits à un prix toujours plus élevé que ceux des foires où il les conduit.

C'est aussi chez M. Le Bourgeois que l'on peut voir la production des chevaux la mieux entendue, car toutes les règles qui doivent être suivies pour avoir de bons produits sont mises en usage; le choix des poulinières est fait avec soin, et la saillie se fait par un étalon lui appartenant, et qui est autorisé; cet animal convient parfaitement aux juments qu'il doit féconder. La plupart de ces juments proviennent de mères de race hagarde. L'étalon est demi-sang.

Les poulains que nous avons vus sont beaux en général; ils sont presque toujours vendus à l'âge de 6 à 8 mois.

L'entretien et l'élevage des bêtes à cornes ne laissent rien à désirer; tous ces animaux appartiennent aux races du pays.

La culture principale de cette ferme est celle des céréales; puis viennent les prairies et les herbages. La culture que nous avons vue nous a paru assez bien soignée.

Les prairies sont bien entretenues; elles sont irriguées pour la plupart et fumées tous les 4 ou 5 ans.

Voilà, en peu de mots, le compte-rendu de notre visite dans ces deux fermes, et là finit le travail de votre commission; mais elle croirait manquer à son devoir si elle ne signalait pas le bienveillant accueil qu'elle a reçu des châtelains de Flamanville et des cultivateurs dont elle a visité les exploitations, et elle est heureuse de leur en témoigner sa reconnaissance.

En résumé, votre commission est d'avis qu'une des médailles d'argent que nous devons à la haute sollicitude de M. le ministre de l'agriculture, soit offerte à M. Bosmel. Cette récompense est sans doute au-dessous du mérite de cet habile et estimable cultivateur, car son admirable établissement, créé par lui à grands frais, pendant une longue carrière, présente aux yeux des visiteurs une ferme unique peut-être dans notre Normandie, et dont on ne peut chercher l'équivalent qu'en Angleterre. L'impression produite sur tous les membres de la commission est le regret qu'une nouvelle vie ne puisse être accordée à ce laborieux fermier, âgé de 82 ans, pour jouir du fruit de ses grands et intelligents travaux.

La commission est également unanime pour vous proposer de décerner une médaille de vermeil et un des instruments aratoires que la société a acquis à l'exposition de l'année dernière, à M. Félix Le Bourgeois, fermier de la Chaussée, à Tréauville, qui réunit sous son habile direction un ensemble d'établissements agricoles qu'il est rare de trouver dans notre contrée.

Elle vous propose, enfin, de voter les remercîments les mieux mérités à M. le marquis de Sesmaisons, le digne propriétaire des fermes qu'elle a visitées, pour l'exemple qu'il donne constamment à ses fermiers, en mettant lui-même en pratique toutes les voies du progrès dans les vastes dépendances de son domaine, et pour tous les services qu'il leur a rendus, en les encourageant dans la même voie, et en leur facilitant les moyens d'arriver à la fortune.

M. Vildieu, au nom de la même commission, a fait le rapport suivant :

Vous nous avez délégués pour visiter, dans le canton de Beaumont, les fermes où sont traités le plus convenablement les fumiers, et où la disposition des bâtiments et des cours est le mieux appropriée pour conserver à ces engrais toutes leurs qualités fertilisantes.

Après l'examen de beaucoup de fermes, nous avons trouvé chez M. Victor Bonnissent, propriétaire à Acqueville, une ferme parfaitement aménagée.

La cour de cette ferme forme un carré long; elle est entourée de bâtiments d'exploitation bordés de larges trottoirs; de vastes charretteries abritent tous les instruments de service; tout est à sa place et en ordre.

Une voie d'accession aux écuries, solidement empierrée, divise la cour en deux fosses à fumiers; ces fosses sont garanties des eaux pluviales des toits par de larges ruisseaux qui conduisent le lavage des trottoirs dans des prairies, qu'ils fertilisent; c'est une véritable cour à la Dombasle, qui devrait servir de modèle à tous les cultivateurs. Les eaux ne pénètrent pas dans les fumiers; elles sont ingénieusement aménagées, pour ne nuire à rien et pour être utilisées.

Les bâtiments d'exploitation, quoiqu'anciens, ont été symétriquement rectifiés par M. Bonnissent, et forment un entourage régulier.

Les herbages et les prairies ont été drainés par le propriétaire; l'irrigation des prairies est organisée avec art, et les eaux qui viennent de la vallée sont divisées avec intelligence, de manière à être complétement utilisées.

Tout dans cette exploitation témoigne du goût de son propriétaire : cour de ferme, basse-cour, bâtiments, tout est employé à profit; la propreté la plus délicate, la bonne tenue des écuries et des étables, tout respire l'activité, les soins et la surveillance des maîtres de la maison.

Nous ne vous demandons pas de prime pour M. Bonnissent: c'est un propriétaire modeste qui ne veut pas se mettre en évidence et qui est placé au-dessus d'une prime en argent; mais nous vous demandons une médaille de vermeil, avec les mentions les plus honorables, comme témoignage de l'estime et de la considération des membres de notre société, pour une vie si utilement employée à la propagation du progrès de l'agriculture.

Nous ne vous dirons que quelques mots des autres fermes que nous avons visitées dans le canton de Beaumont.

Nous avons trouvé, chez M. Clément Fleury, à Nacqueville, une richesse de fumiers remarquable pour la saison. Ses tombes sont convenablement installées; malheureusement les dispositions de la cour ne sont pas de nature à les garantir totalement des eaux pluviales, qui les détériorent à la longue et leur enlèvent quelques-unes de leurs qualités fertilisantes; nous aurions voulu trouver, dans cette belle et vaste cour de ferme, de larges trottoirs au pied desquels l'écoulement des eaux serait ménagé et conduit hors de la cour, ou, à leur défaut, des bourrelets en terre pour isoler les fumiers des eaux provenant de l'égoût des toits, et destinés eux-mêmes à être utilisés à leur tour dans les tombes.

Nous vous proposons de décerner à M. Clément Fleury une médaille d'argent.

Dans une position moins favorable encore que la cour de M. Clément Fleury, et présentant les mêmes inconvénients, celle de M. Auguste Simon, d'Urville, est également très-riche en bons terreaux, prêts à être utilisés immédiatement sur les herbages. Cette cour est en pente, et il n'y a pas, à proprement dire, de cour à fumier, c'est-à-dire où les fumiers puissent être déposés pour entrer en fermentation; le purin qui s'en échappe serait en quelque sorte perdu, si la disposition des herbages placés en dessous de la ferme, ne permettait de les y recevoir utilement.

Nous vous proposons de décerner à M. Auguste Simon une médaille de bronze.

La même commission était appelée à visiter les cultures de plantes-racines dans le canton de Saint-Pierre-Eglise; elle ne saurait se dispenser d'exprimer le regret qu'il ne se soit pas présenté plus de concurrents pour ce genre de culture.

La publicité donnée tardivement au programme de la société, peut expliquer, jusqu'à un certain point, l'abstention de quelques cultivateurs de ce canton, où l'art agricole est néanmoins en progrès. La commission n'a donc eu qu'un établissement de ce genre à visiter. Elle a trouvé, dans la ferme de M. J.-B. Pontus, à Néville, un ensemble fort satisfaisant de plantes-racines, betteraves carottes, panais et rutabagas, plantés en lignes. sur une étendue de plus de 120 ares. Sans offrir aux yeux de la commission des sujets parvenus à une grosseur extraordinaire, ce qui ne pouvait se rencontrer à la date de sa visite, faite dans les derniers jours du mois d'août, elle a néanmoins reconnu que cette culture promettait les meilleurs résultats. Les betteraves, bien alignées en billons de 80 centimètres d'écartement, étaient dans un état de propreté parfaite; les carottes étaient convenablement espacées, les panais et les rutabagas seuls laissaient quelque chose à désirer. En somme, la culture de M. J.-B. Pontus est une culture de premier ordre.

Nous devons vous signaler en passant que M. Pontus est un homme de progrès, toujours disposé à adopter les bonnes variétés de semences et l'usage des instruments nouveaux ou perfectionnés.

Nous vous proposons de décerner à M. J.-B. Pontus le semoir à brouette acquis par la société dans l'exposition de 1861, et une médaille d'argent.

Le programme des concours agricoles de 1862 avait proposé deux encouragements pour l'extension des plantes fourragères dans le canton d'Octeville. Aucun concurrent ne s'est présenté pour cette spécialité dans le délai fixé par le programme; il n'y a donc pas eu lieu de s'occuper de ce concours; nous pensons qu'elle pourra trouver en partie sa place dans la visite des fermes les mieux cultivées, qui aura lieu pour ce même canton en 1863.

Puis un membre du bureau donne lecture d'un rapport fait par M. Pajot, sur les notices envoyées par plusieurs instituteurs de l'arrondissement de Cherbourg, pour le concours relatif à l'enseignement élémentaire de l'agriculture dans les écoles rurales.

ENSEIGNEMENT AGRICOLE.

La commission avait à examiner si les instituteurs ont bien compris le but que s'était proposé la Société d'agriculture, en offrant des récompenses à ceux d'entre eux qui seraient parvenus à introduire l'enseignement agricole dans leurs classes, et cela en montrant à leurs élèves un résumé succinct des notions agricoles les plus utiles et le plus en usage dans la localité, tout en restant à la portée des jeunes enfants qui fréquentent ces écoles; et en second lieu, à constater les résultats qu'ils auraient obtenus.

Six instituteurs de l'arrondissement de Cherbourg ont pris part au concours, mais quatre d'entre eux seulement ont envoyé des documents sur le mode qu'ils ont employé.

Nous croyons qu'il est nécessaire d'examiner successivement le travail de chacun, puis de les comparer entre eux.

1° M. Hersent, instituteur à Flamanville.

Le moyen employé par cet instituteur pour arriver à remplir le but proposé est le suivant :

Donner aux élèves, comme livre de lecture, un bon traité d'agriculture; leur expliquer la leçon du jour, puis de temps en temps leur demander le résumé oral de ce qu'on leur a expliqué; leur donner des dictées et des problèmes ayant rapport à l'agriculture, et, dans les dernières années, à l'aide du dessin linéaire, leur faire représenter les instruments aratoires et les bâtiments d'une ferme bien construite.

Sans approuver d'une manière absolue la marche suivie par cet instituteur, nous croyons qu'il a employé l'un des moyens les plus convenables pour arriver à de bons résultats. Du reste, les devoirs de ses élèves, que nous avons sous les yeux, nous font voir les résultats qu'il a obtenus, et, on peut le dire, ces résultats sont satisfaisants.

Nous aurions désiré qu'il eût fait un résumé succinct des notions agricoles les plus utiles, qu'il les eût enseignées par le moyen qu'il nous indique, et qu'il eût exigé que chacun de ses élèves en conservât un exemplaire.

Chacun sait que les meilleurs enseignements ne produisent de fruits sérieux que lorsqu'ils sont constatés par des notes auxquelles on peut avoir recours plus tard.

2° M. J. Simon, instituteur à Hainneville.

Cet instituteur nous a présenté son cours d'agriculture, qui est un résumé du livre de M. Bodin, intitulé: *Éléments d'agriculture.*

Ce résumé nous a paru satisfaire au programme proposé par la Société.

Le mérite de M. Simon est d'avoir su faire un choix des notions agricoles les plus utiles, de les avoir réunies dans un résumé complet, aussi succinct que possible, et cela tout en restant à la portée de ses élèves.

Nous croyons que le moyen le plus convenable d'introduire l'enseignement agricole dans les écoles rurales est celui employé par M. Simon, et voici pourquoi: c'est que toutes les notions agricoles contenues dans son cours sont celles qui, jusqu'à ce jour, ont donné les meilleurs résultats en agriculture.

Nous aurions désiré que M. Simon nous eût présenté les devoirs de quelques-uns de ses élèves; cela nous aurait permis de juger des résultats obtenus par lui.

3° M. Simon, ancien instituteur à St-Germain-des-Vaux, actuellement au Vast.

Le moyen mis en usage par cet instituteur pour introduire l'enseignement agricole dans sa classe est à peu près le même que celui du précédent, c'est-à-dire qu'ils ont puisé leur résumé dans le même auteur; seulement les divisions des cours adoptés par chacun d'eux sont différentes. Nous préférons celles employées par l'instituteur de Hainneville.

Nous aurions voulu pouvoir comparer les deux résumés du cours d'agriculture faits par ces instituteurs, et voir lequel des deux est susceptible de donner les résultats les plus satisfaisants, mais celui de M. Simon, de Saint-Germain-des-Vaux, ne nous a pas été communiqué; nous n'avons donc pas pu faire cette comparaison.

Par la même raison, nous n'avons pu juger des progrès faits par les élèves de cet instituteur.

4° M. Trochon, instituteur à Grosville.

La marche suivie par cet instituteur est d'avoir introduit dans son école des livres traitant d'agriculture, donner des explications sur la lecture du jour et de s'occuper aussi de leçons de jardinage.

Cet instituteur ne nous ayant présenté aucun cahier où nous pussions voir si le résumé du cours qu'il a adopté est bon ou mauvais, il nous a été impossible de continuer notre examen.

MM. Diguet, instituteur à Vauville, et Née, instituteur à Martinvast, ne nous ayant présenté aucune note indiquant qu'ils ont introduit l'enseignement agricole dans leurs classes, nous n'avons pu juger leur travail.

Examen fait du rapport qui précède, la commission a décidé qu'une médaille d'argent et une prime de 60 fr. seraient offertes à M. Hersent, instituteur à Flamanville.

Une médaille d'argent et une prime de 40 fr. seront également décernées à M. J. Simon, instituteur à Hainneville.

La société ne saurait trop engager les autres concurrents à persévérer dans la voie qu'ils ont adoptée, et à lui fournir les documents les plus étendus sur le système par eux suivi et sur les résultats qu'ils auront obtenus. Elle espère que, pour le concours de l'année prochaine, ils auront de nombreux imitateurs, et qu'elle pourra multiplier ainsi ses encouragements.

Un autre membre lit, enfin, un rapport de M. Nicétas Periaux, secrétaire, sur le concours ouvert pour les bons services domestiques, et appelle successivement les personnes auxquelles la Société a décerné des médailles ou des primes en argent.

BONS SERVICES DOMESTIQUES.

Les récompenses proposées par la Société d'agriculture pour les bons services domestiques, ont pour effet de signaler à l'attention publique, et d'offrir, comme des modèles à imiter, les personnes qui se distinguent par leur zèle, leur probité et leur dévouement aux intérêts de ceux qui leur procurent l'existence et le bien-être.

Il n'est que trop rare de rencontrer, entre celui qui est obligé de vendre ses services et celui qui les paie, cette réciprocité de bienveillant attachement, de confiance affectueuse, qui ont fait dire depuis longtemps que les bons maîtres font les bons domestiques; aussi les résultats de ce concours sont-ils aussi honorables pour les maîtres que pour les serviteurs.

En ouvrant pour la première fois ce concours, la société d'agriculture a vu répondre à son appel un nombre pour ainsi dire inespéré de concurrents, dans un pays où les usages ne sont pas de nature à encourager la durée des services domestiques. On sait, en effet, que chez nous, contrairement à ce qui se pratique ailleurs, le contrat qui lie le domestique au maître ne dure ordinairement qu'une année.

La société aura sans doute à regretter que les ressources mises à sa disposition ne lui permettent pas de multiplier ses récompenses proportionnellement au nombre des concurrents; mais c'est un premier pas fait dans cette voie, où elle pourra marcher avec la certitude d'être suivie. La commission dont j'ai l'honneur d'être l'organe n'a donc pu que faire un choix sur tous les sujets qui lui ont été recommandés.

1. Nous trouvons, à la tête de cette fidèle phalange de serviteurs, un vieillard de 83 ans, que son grand âge et ses infirmités ont forcé de prendre sa retraite. Nicolas Dorey a, pendant près de 50 ans, servi dans la famille de M. Lelaidier, propriétaire à Tréauville. Cet homme, d'une probité rare, d'une conduite irréprochable, était chargé spécialement de la garde des bestiaux, soins dont il s'acquittait avec un zèle tout particulier, et dans lesquels il a trouvé plus d'une fois l'occasion de rendre service à ses maîtres, en préservant de maladie les animaux qui lui étaient confiés. Retiré aujourd'hui dans sa commune natale, à Helleville, où il ne possède qu'une chétive maison et un petit jardin, ce bon vieillard demeure avec sa fille, qui n'a elle-même, pour subvenir à leurs besoins, que le produit de la journée de travail de son mari.

La commission vous propose de décerner à Nicolas Dorey une prime de 50 francs.

2. Jacques Vasselin, âgé d'environ 50 ans, né à Canville, canton de la Haye-du-Puits, est depuis 43 ans au service de la famille de M. Louis Leconte, demeurant aujourd'hui à Pierreville, canton des Pieux, où elle est venue s'établir en 1822. Entré à leur service en 1819, Jacques Vasselin a suivi ses maîtres dans leur nouvelle résidence, et n'a cessé de les servir avec intelligence et fidélité.

Nous nous proposons de lui décerner une prime de 30 francs.

3. Jacques Baudin, âgé de 46 ans, natif de Sainte-Croix-Hague, est, depuis 24 ans, dans la famille Destrès, à Tonneville, repré-

sentée aujourd'hui par la veuve de Pierre Destrès, maintenant épouse de M. Victor Couppey. Ce digne serviteur est d'une conduite excellente et d'une moralité parfaite; jamais il n'a fréquenté les auberges; c'est un père de famille qui donne à ses enfants les meilleurs exemples. Il est pour ses maîtres soumis et respectueux; ses soins intelligents, son travail et sa vigilance, ne laissent rien à désirer.

Doué d'une énergie peu commune et d'un courage à toute épreuve, il eut le bonheur, en 1835, de sauver la vie à l'un des enfants de son maître, qui venait d'être enseveli dans une carrière, sous un éboulement de sable et de terre. Au moment où lui-même voyait ses jours menacés par un second éboulement, Jacques Baudin arracha à une mort certaine Bienaimé Destrès, qu'il parvint à retirer dans un état déplorable.

Nous proposons d'offrir à ce brave serviteur une médaille d'argent et une prime de 30 francs.

4. Peu de maisons comme celle de M. Jean-Louis Feuardent, cultivateur à Grosville, ont le privilége de réunir, pendant un grand nombre d'années, des personnes attachées par un long bail à la personne du maître et à l'exploitation rurale. Signaler cette circonstance exceptionnelle, c'est faire l'éloge du maître en même temps que celui des domestiques.

Guillaume Grisel compte 38 années de service chez M. Jean-Louis Feuardent; Maurice Décosse est depuis 37 ans, et Paul Tison depuis 34 ans, dans la même maison.

Nous manquons de détails sur l'importance et le mérite des services rendus par ces trois domestiques, mais faire connaître la durée de ces services chez le même maître, n'est-ce pas justifier suffisamment la proposition que nous nous faisons de leur allouer à chacun une prime de 20 francs.

5. Décédé en 1846, M. Pierre Gibert, cultivateur à Querqueville, recommandait, à son lit de mort, sa veuve et sa fille à Pierre

9. Non moins recommandable que la précédente, Justine Durel est depuis 40 ans dans la maison de M. Georges Lesdos, propriétaire-cultivateur à Urville; elle a vu s'éteindre le père, la mère et le frère de son excellent maître, qui se rappelle avec reconnaissance le dévouement dont elle a donné tant de preuves, en leur prodiguant les plus tendres soins, en passant ses nuits auprès d'eux, ce qui ne l'empêchait pas pendant le jour de pourvoir au service de la maison et aux soins du ménage. Justine Durel était aussi le soutien de ses parents, auxquels elle donnait une grande partie de ses gages.

Nous vous proposons de lui décerner une médaille de bronze.

10. Nous vous recommanderons aussi Aimée Morel, qui depuis plus de 30 ans est au service de M. Leblond Dutaillis, cultivateur à Saint-Germain-le-Gaillard. Chargée de la surveillance des bestiaux et de tout le poids du ménage intérieur, elle s'attache surtout à prendre soin des nombreux domestiques, à alléger leurs charges par ses prévenances, et par son empressement à réparer leurs petites fautes. Douée d'un cœur charitable, on la voit partout où il y a des misères à soulager, des malheureux à consoler. En 1850, pendant la durée d'une maladie épidémique qui faisait dans le pays de grands ravages, Aimée Morel prodiguait ses soins aux malades, et s'associait de tout son pouvoir à Mlle Dutaillis, sœur de son maître, dans l'exercice d'une inépuisable charité.

Nous vous proposons de décerner à Aimée Morel une médaille de bronze.

11. C'est encore pour 24 années de bons services dans une maison de ferme, que nous recommandons à vos encouragements Mélanie Lemonnier, domestique de M. Gamache (Augustin), cultivateur à Octeville. Occupée spécialement des travaux agricoles et des soins à porter aux bestiaux, cette estimable fille s'acquitte avec zèle et dévouement de ses fonctions. Sa bonne

conduite, son amour pour le travail et son dévouement pour sa propre famille, qui est dans l'indigence, et à laquelle elle consacre la plus grande partie de ses économies, sont des qualités que nous vous proposons de récompenser par le don d'une médaille de bronze.

Quoique n'appartenant pas à celle des domestiques agricoles, qu'il nous soit permis de fixer un instant votre attention sur une classe de serviteurs attachés à la personne du maître, chez lesquels les personnes retirées au fond des campagnes rencontrent souvent un zèle intelligent, un dévouement affectueux, qui sont dignes des plus grands éloges.

12. Nous trouvons, en effet, chez M. Hyacinthe de Beaudrap, à Sotteville, Jean-Louis Feuardent, natif de Grosville, âgé de 54 ans, qui est depuis plus de 40 ans à son service. Depuis surtout que l'âge avancé de son digne maître réclame des soins plus assidus et de tous les instants, Jean-Louis Feuardent s'est entièrement dévoué à M. Hyacinthe de Beaudrap, et le soigne avec une persévérance et un attachement bien rares à rencontrer aujourd'hui.

Nous vous proposons de décerner à Jean-Louis Feuardent une médaille d'argent.

13. Les nombreux amis qui allèrent à Martinvast rendre à notre respectable et regretté président leurs derniers devoirs, n'ont pu voir sans émotion un de ses serviteurs, qui, en proie à une douleur bien légitime et le visage baigné de larmes, portait sur un coussin les vénérables insignes de défunt. Auguste Lemeley a servi pendant 36 ans M. le comte du Moncel avec autant d'intelligence que de zèle, et est resté attaché à la maison de la veuve de l'honorable général. Après avoir suivi son maître dans sa carrière militaire, il l'a accompagné dans sa retraite, préférant à la jouissance d'une vie indépendante que pouvait lui procurer le fruit de ses épargnes, le service qui l'attachait à la personne

de M. du Moncel, et que son excellent maître lui rendait d'ailleurs si doux à remplir par une estime et une confiance sans bornes. Auguste Lemeley s'est signalé, en outre, par des actes de courage dans des incendies, et a affronté avec autant de témérité que de dévouement des dangers de plus d'un genre.

Nous vous proposons de lui accorder une médaille d'argent.

Il est une autre classe de serviteurs qui a droit aussi à l'attention et aux encouragements de la société d'agriculture. Les journaliers agricoles, qui, par leur intelligence et leur activité, obtiennent pendant de longues années la confiance de ceux qui les emploient, ont quelquefois un mérite égal à celui des domestiques attachés à la maison. Presque toujours ce sont des pères de famille que leurs devoirs retiennent à la tête de leur propre ménage, ou pour être le soutien de leurs vieux parents.

14. Jean Camelot, âgé de 44 ans, journalier à Vasteville, après avoir servi pendant une douzaine d'années chez plusieurs notables habitants de sa commune, où il s'est fait remarquer par sa vigilance et sa probité, se rend utile pour toute espèce de travaux, auxquels il se livre avec intelligence, et qu'on peut lui confier en toute sécurité sans qu'il soit nécessaire d'y porter la moindre surveillance. Ne possédant rien autre chose que le produit de leur journée, Jean Camelot et sa femme ont élevé cinq enfants encore tout jeunes, et dont l'un est sourd-muet et perclus de ses membres. Par leur bonne administration, ils les entretiennent convenablement, et leur donnent l'exemple de la probité et de l'amour du travail. Jean Camelot est, en un mot, sobre, actif, intelligent et fidèle, et en même temps un bon père de famille.

Nous croyons qu'il mérite une récompense, et nous vous proposons de lui décerner une prime de 20 fr.

15. Nous vous demanderons également une médaille de bronze et une gratification de 15 fr. pour François Bonnemains, âgé de 69 ans, employé sans interruption pendant 45 ans en qualité

de journalier agricole chez M. le marquis de Sesmaisons; sa conduite est excellente sous tous les rapports, et son activité ne s'est jamais démentie.

16. Employé depuis 20 ans dans l'exploitation de la ferme modèle de Martinvast, Louis-Alexis Gosselin s'est livré à une spécialité de travaux dans lesquels il a déployé une intelligence remarquable. Chargé par l'honorable fondateur de ce magnifique établissement, du tracé des irrigations et de la conduite des travaux de drainage, il s'en est acquitté avec zèle, et l'on peut en voir les résultats à Martinvast et dans les communes voisines.

Nous nous proposons de lui décerner une médaille de bronze.

Nous sommes loin d'avoir épuisé la liste des zélés et loyaux serviteurs qui auraient droit aux récompenses de la société; mais l'insuffisance des fonds qu'elle peut consacrer aux encouragements de ce genre, et le manque de détails susceptibles d'éclairer votre choix, nous forcent à borner là nos propositions. Au lieu de signaler par des mentions honorables la liste des autres personnes recommandables dont les noms nous sont jusqu'à présent parvenus, nous croyons qu'il est préférable d'en conserver les éléments pour l'année prochaine, et de nous entourer de tous les renseignements nécessaires pour donner suite à cette série d'encouragements pour les bons services domestiques.

Par ces encouragements et ces récompenses que la sollicitude du gouvernement lui donne la mission de distribuer, la Société d'agriculture de Cherbourg acquittera plus d'une dette, signalera à la reconnaissance publique plus d'un dévouement, et atteindra ainsi, nous le répétons, le but qu'elle se propose, d'exciter l'émulation des serviteurs et des maîtres, de moraliser la classe ouvrière, en lui faisant comprendre, que plus ou moins fortes, plus ou moins brillantes, mais toujours honorables par la publicité qui leur est donnée, il est des récompenses pour tous les genres de mérite.

La lecture du rapport qui précède, et la distributon des récompenses ont excité plus d'une fois les marques d'approbation de l'assemblée, qui n'a pas vu sans un vif intérêt se présenter, pour recevoir la modeste prime qui leur était attribuée, trois domestiques de M. Jean-Louis Feuardent, cultivateur à Grosville, lesquels comptent de 34 à 38 années de services chez leur maître. Le bureau a voté par acclamation une mention des plus honorables pour M. Jean-Louis Feuardent, qui a su conserver à son service de tels domestiques, et a exprimé le regret qu'il ne soit pas en son pouvoir de décerner des récompenses aux bons maîtres.

BANQUET.

Après cette séance publique, un banquet a réuni, à l'hôtel de l'Amirauté, les membres de la Société, auxquels se sont adjoints de nombreux souscripteurs parmi les lauréats.

M. le président était accompagné de l'honorable général Meslin et de M. Chevrel, adjoint au maire de Cherbourg, qui est venu lui exprimer le regret de M. Ludé de n'avoir pu prendre part à cette fête de famille.

La salle du banquet avait été préparée avec le même bon goût qui avait présidé à l'installation de la salle d'asile, par les soins de M. Lejéal, et sous la surveillance de MM. Vildieu, Cappe et Gustave Bonfils, commissaires du banquet.

Le plus vif entrain et la plus franche cordialité ont animé ce repas, qui réunissait près de quatre-vingts convives, appartenant à toutes les classes de la société, depuis le plus humble soldat de l'agriculture jusqu'au vaillant général qui lui-même est cultivateur dans l'arrondissement de Valognes.

Au dessert, de nombreux toasts ont été portés :

Par M. le comte de Tocqueville : *à l'Empereur, bienfaiteur et protecteur de l'agriculture.*

« Messieurs,

» Notre premier toast doit être pour l'Empereur, pour celui qui défend et protège si bien les intérêts de l'agriculture. Je porte un toast à l'Empereur! *(Applaudissements, cris répétés de : Vive l'Empereur !)* Je bois aussi, Messieurs, à la santé de tous ceux qui ont concouru à la fête qui nous réunit aujourd'hui et qui mérite toutes les sympathies. Je vous remercie au nom de la Société d'Agriculture ! »

Par M. Salley : *à la mémoire du général du Moncel.*

M. Salley s'est exprimé en ces termes :

« Messieurs,

» Permettez-moi de rappeler à votre souvenir le nom du noble et généreux agriculteur qui, non content d'avoir exposé sa vie pour la France sur le champ de bataille, est revenu dans son pays natal travailler sans relâche au bien-être des cultivateurs, en assurant, par l'augmentation des produits du sol, la facile perception du revenu des propriétaires.

» En effet, Messieurs, n'est-ce pas grâce aux essais de M. le comte du Moncel que nos campagnes possèdent aujourd'hui des instruments agricoles perfectionnés et produisent des récoltes d'espèces autrefois inconnues dans nos climats?

» Et si, dans la brillante exhibition d'animaux domestiques dont les membres de la Société d'agriculture se sont occupés avec tant de sollicitude, et qui a été favorisée de leurs encouragements, le public a remarqué de nombreuses ventes faites à des prix naguère assez rares dans nos contrées, n'est-il pas juste, Messieurs, de payer un légitime tribut de reconnaissance au fondateur de l'école de Martinvast, à celui qui a combattu la routine pour doter son pays de ces divers éléments de prospérité?

» Je porte un toast à la mémoire de cet illustre compatriote, qui ne fut pas moins bon citoyen et brave soldat, qu'agriculteur éminent. »

A ce toast, qui a été couvert d'applaudissements, a répondu, avec une sincère émotion, l'ancien serviteur du général.

Par M. Gustave Lemoigne : *à notre honorable président, M. le comte de Tocqueville, qu'on trouve partout où il y a le bien à faire et les intérêts agricoles à protéger.*

Par M. Henri Duchevreuil : *au général Meslin, notre digne représentant au Corps législatif, qui a bien voulu assister à notre fête de famille.*

« Pardonnez à mon émotion, a répondu le général, mais je veux vous dire combien vos sympathies touchent mon cœur... C'est un bonheur pour moi d'applaudir à vos triomphes et de participer à vos fêtes... Ce sera toujours le devoir que je m'imposerai d'être au milieu de vous.... Je ne vous ferai pas défaut. Vous me trouverez toujours parmi les vôtres ! A la santé de vous tous, Messieurs ! »

Par M. le marquis de Sesmaisons, *au succès des Courses de Cherbourg, si heureusement inaugurées cette année, et dont l'avenir paraît désormais assuré.*

M. Vildieu a ajouté de bienveillantes paroles à l'adresse du secrétaire de la Société des Courses. Qu'il soit permis à celui qui écrit ces lignes de déclarer ici ce que l'émotion ne lui a pas permis de répondre, que ses efforts pour parvenir à la réorganisation des Courses de Chevaux de Cherbourg eussent été stériles, s'ils n'avaient été soutenus par la sympathie de M. le comte de Tocqueville, dont les actives démarches ont si puissamment concouru à obtenir la protection de l'autorité supérieure et l'appui de l'administration de la marine; que le succès de cette entreprise est dû aussi à l'infatigable coopération des membres du bureau et des diverses commissions, surtout à celle de M. Gustave Bonfils, qui a été un auxiliaire si zélé auprès de MM. les administrateurs du port, de MM. Gustave Lemoigne, Estebé, Ch. Eustache, Alex. Pottier et de Couville, membres de la commission d'installation; au concours des autorités locales et de l'administration du chemin de fer; à l'appui des organes de la presse, qui ont si chaudement préconisé notre institution; enfin à la confiance de tous ceux qui, par leur souscription, ont apporté à l'entreprise le tribut de leur assistance et de leur encouragement.

Au nom de la presse locale, M. Laharanne, éditeur du *Courrier de Cherbourg,* a prononcé les paroles suivantes :

« Messieurs,

» Je porte un toast aux progrès agricoles !

» Je ne suis pas voué aux nobles travaux dont vous recueillez en ce moment les suffrages et la récompense; je n'appartiens pas à cette généreuse et active Société d'Agriculture qui a ménagé à vos efforts constants ces lauriers des triomphes pacifiques, mais je suis avec vous et pour vous, m'associant à vos sentiments, et je viens au nom de la presse départementale, je viens vous dire : Honneur à vous, lauréats de l'agriculture !

» Comme à Cherbourg, les principaux centres de la France réunissent en ce moment leurs congrès et leurs comices agricoles; les innovations et les travaux persévérants y sont couronnés ainsi que vos propres travaux. Ces fêtes se terminent par des agapes cordiales, où les élus reçoivent les félicitations des amis, et de grandes voix se font entendre pour rappeler, comme l'ont fait votre noble président et les honorables personnages que vous venez d'applaudir, pour rappeler l'importance de pareilles solennités.

» Oui, Messieurs, il est beau de saluer l'ère des progrès agricoles!

» L'avenir économique est là tout entier : bien-être des masses, calme des passions, confraternité sans nuages. Vous me comprenez, car vous avez ainsi pensé avant moi, et vous êtes surtout très dignes de figurer au nombre des promoteurs et des soutiens de l'agriculture. Cette terre illustre de Normandie ajoutera par vous à la grandeur de son passé, à la gloire de traditions antiques qui avaient l'orgueil de la foi du bien et du travail; par vous, les exemples pratiques se vulgariseront encore, pour que cette constance soit imitée dans la France entière, et pour que, devenue industrieuse, commerçante et agricole, la Normandie n'ait plus devant elle la supériorité de l'Angleterre, car l'Angleterre fut votre vassale, la Normandie fut son aînée, et bientôt vous aurez placé celle-ci sur le même rang que la Grande-Bretagne ! *(Applaudissements prolongés.)*

» Noble et patriotique ambition, écoutez-la, suivez-la !

» Au point de vue du sujet qui nous réunit en ce moment, l'agriculture vous laissera entrevoir les plus magniques horizons pour l'avenir, la prospérité, la sécurité de la patrie. L'agriculture vous fera aimer l'émulation du bien et les luttes de la paix; elle vous rapprochera les uns des autres, agronomes et éleveurs, savants et fermiers; elle vous conviera à ces fêtes où l'amitié est reine, où les cœurs se coudoient, où les travailleurs s'estiment et se reconnaissent; elle sera en un mot pour vous, pour toutes les provinces de France, ce que sont les expositions internationales pour les peuples: elle sera l'aurore des temps meilleurs! Les grandes expositions effacent les frontières, apaisent les rivalités, assurent la paix de l'avenir, vos congrès agricoles effaceront les nuances de partis, les rancunes des préjugés, calmeront les passions et réconcilieront tous les citoyens!

» De cet avenir, de cette aurore, de ces progrès, vous en êtes, Messieurs, la preuve manifeste à cette heure et ma parole est bien faible devant votre exemple si éclatant.

» Que ma voix, la voix d'un jeune homme, vous en rende hommage, et, représentant de la presse, permettez que au nom de la presse départementale, je boive à vous tous, aux lauréats du jour et aux progrès de l'agriculture! »

Les chaleureux applaudissements qui ont à plusieurs reprises interrompu le jeune orateur, lui ont suffisamment prouvé combien étaient appréciés les services que la presse rend à nos institutions, par une publicité qui en assure le succès.

M. Henry a répondu:

» ... La presse nous rend des services, reconnaissons-le, Messieurs. Par elle nous faisons connaître nos innovations, et ces innovations sont défendues par la presse. Tout naît de la publicité: encourageons et remercions la publicité! »

Après avoir adressé des éloges à M. Gustave Lemoigne à l'occasion des intéressantes observations qu'il a récemment publiées sur la législation concernant les foires, M. Henry a constaté que notre collègue a pris part à l'exposition de Londres par l'envoi d'échantillons du pomard normand, boisson qui entre pour près d'un tiers dans l'alimentation de la France. Une réponse de M. Gustave

Lemoigne a fait naître des explications, données par M. Besnou, au sujet de la fabrication du cidre économique. Quelques fines plaisanteries ont été échangées entre l'ardent antagoniste du cidre sophistiqué et le savant défenseur de la boisson artificielle. M. le docteur Payerne a nié qu'on pût considérer comme une sophistication l'addition du sucre dans une liqueur quelconque pour la faire fermenter. Cette discussion vive et piquante a fini gaiement le repas, et plus d'un convive a été tenté de s'écrier: Vive le cidre de M. Lemoigne quand on a des pommes! Vive le cidre de M. Besnou quand on n'en a pas!

Les convives se sont séparés en exprimant hautement leur satisfaction pour une journée si bien employée, et dont l'effet est de resserrer les liens qui unissent tous les membres de l'industrie agricole.

Le Secrétaire de la Société d'Agriculture
de Cherbourg,

NICÉTAS PERIAUX.

Vu et approuvé par le Président,

Comte DE TOCQUEVILLE.

PRIX ET ENCOURAGEMENTS

PROPOSÉS POUR 1863.

Dans une séance publique qui se tiendra à Cherbourg, dans le courant de septembre 1863, à la suite du Concours d'arrondissement pour les bestiaux, la Société d'Agriculture de l'arrondissement de Cherbourg décernera des primes et encouragements indiqués ci-après :

CONCOURS D'ARRONDISSEMENT.

1° Aux INSTITUTEURS des Communes rurales de l'arrondissement, qui auront, avec le plus de succès, introduit dans leurs classes des éléments d'enseignement agricole, en donnant à leurs Élèves des notions raisonnées d'agriculture, en établissant des conférences et des lectures rurales, en ouvrant des classes d'adultes, etc.,

des Primes en argent, des Médailles de vermeil, d'argent ou de bronze.

Les concurrents devront faire parvenir, avant le 15 août 1863, à M. le comte de Tocqueville, président de la Société, à Nacqueville, un Exposé succinct du mode à l'aide duquel ils auront opéré, et des résultats qu'ils auront obtenus.

Cet exposé sera accompagné, autant que possible, d'un certificat délivré, soit par M. l'inspecteur des écoles primaires, soit par M. le maire ou M. le curé de la résidence de l'instituteur.

La Société d'Agriculture mettra à la disposition des instituteurs qui en feront la demande, quelques ouvrages élémentaires destinés à servir de guide pour l'enseignement agricole dans les écoles rurales.

2° Aux SERVITEURS et aux SERVANTES de ferme qui comptent le plus grand nombre d'années de bons services chez le même maître; aux DOMESTIQUES et JOURNALIERS des deux sexes, qui se seront fait remarquer par des actes de dévouement, par de belles actions, par une conduite irréprochable, etc.,

des Primes en argent, et des Médailles d'argent ou de bronze.

Pour ce concours, comme pour le précédent, MM. les membres de la Société d'Agriculture, MM. les juges-de-paix' les maires et curés de l'arrondissement de Cherbourg, sont instamment priés d'adresser, avant le 15 août 1863 (terme de rigueur), à M. le comte de Tocqueville, président, les renseignements propres à éclairer les Commissions qui seront chargées de distribuer ces encouragements.

CONCOURS DE CULTURE

DIVISÉS PAR CANTONS,

POUR LES ANNÉES 1863 ET SUIVANTES.

La Société d'Agriculture de Cherbourg décernera également, dans la séance publique de 1863, des encouragements, consistant en INSTRUMENTS ARATOIRES et en MÉDAILLES D'OR OU DE VERMEIL, D'ARGENT OU DE BRONZE, pour les diverses branches d'améliorations agricoles, savoir:

1° Bonne préparation des engrais, leur emploi; moyens mis en pratique pour établir des cours à fumier, pour utiliser les matières liquides de toute nature;

2° Culture des plantes-racines, en lignes, sur une étendue de 40 ares au moins;

3° Extension et perfectionnement des cultures fourragères, prairies artificielles, etc.;

4° Bonne tenue des fermes; exploitations les mieux dirigées; disposition des étables; perfectionnement de tous genres apportés à la culture.

Ces Concours auront lieu par canton, dans l'ordre ci-après, en 1863 et les années suivantes :

CANTONS.	1863.	1864.	1865.	1866.
Les Pieux.......	Confection des engrais.	Plantes racines.	Cultures fourragères.	Bonne tenue des fermes.
Beaumont......	Plantes racines.	Cultures fourragères.	Bonne tenue des fermes.	Confection des engrais.
St-Pierre-Eglise.	Cultures fourragères.	Bonne tenue des fermes.	Confection des engrais.	Plantes racines.
Octeville........	Bonne tenue des fermes.	Confection des engrais.	Plantes racines.	Cultures fourragères.

Les concurrents devront se faire inscrire, avant le 15 août de chaque année (terme de rigueur), chez M Dupont, *trésorier de la Société d'Agriculture, rue du Chantier, 19,* à Cherbourg.

INSTRUMENTS ARATOIRES.

La Société d'Agriculture, voulant contribuer, autant qu'il est en son pouvoir, à développer et multiplier l'usage, dans l'intérêt des petits cultivateurs, des instruments mécaniques destinés à remplacer la main-d'œuvre, se propose de décerner, en outre, dans sa séance publique de 1863, des primes en argent ou des médailles d'or ou de vermeil, d'argent ou de bronze,

Aux personnes qui, possédant une *machine à battre les céréales*, une *faucheuse* ou un *semoir*, auront mis ces instruments à la disposition d'un plus grand nombre de cultivateurs, soit gratuitement, soit à prix d'argent.

Les concurrents devront produire des certificats faisant connaître :

Pour les *machines à battre les céréales*, les quantités, en hectolitres, de grains battus pour le compte de divers cultivateurs, soit à leur domicile, soit à celui du propriétaire de ces machines;

Pour les *faucheuses*, l'étendue, en superficie, des produits fauchés, leur nature, etc.;

Pour les *semoirs*, l'étendue, en superficie, des champs ensemencés, le genre de culture, etc.

Ces certificats, délivrés par les parties intéressées, et visés par le maire de leur commune, devront énoncer dans les plus grands détails les noms et prénoms des cultivateurs pour le compte desquels les instruments auront été employés, la situation des terrains, la nature des produits, etc., etc.

Ces pièces devront être adressées, avant le 15 août 1863, à M. le comte de Tocqueville, président, ou à M. Nicétas Periaux, secrétaire de la Société d'Agriculture.

La Société d'Agriculture fait appel à tous ses membres et aux autorités locales de toutes les communes de cet arrondissement, en les invitant à signaler au Président de la Société les noms des propriétaires et des cultivateurs qui, par l'ensemble de leur exploitation, par la bonne disposition des engrais, par le perfection de leurs cultures, par l'adoption et l'emploi des instruments perfectionnés, enfin par leur persévérance à rechercher les améliorations et à les propager, contribuent au progrès de l'agriculture et au bien-être des populations des campagnes.

Cherbourg, le 10 octobre 1862.

Le Président,
Cte **DE TOCQUEVILLE**.

Les Secrétaires,
Nicétas PERIAUX, BESNOU.

CHERBOURG. -- IMPRIMERIE D'AUGUSTE MOUCHEL.

www.ingramcontent.com/pod-product-compliance
Ingram Content Group UK Ltd.
Pitfield, Milton Keynes, MK11 3LW, UK
UKHW021101270726
13994UKWH00009B/1728

9 782329 413709